JN302163

いきものとなかよし
はじめての飼育(しいく)
ウサギ

監修 ★ 今泉忠明

ウサギをかってみませんか？

　長い耳にまん丸の目がかわいいウサギ。しぐさを見れば、よろこんだり、おこったりといったウサギの気もちがわかります。ウサギは頭がよいので、名前をよぶと、かいぬしのところにやって来るようになりますよ。いっしょにくらして、ウサギとなかよくなってみましょう。せわをしたり、あたたかい体にふれたりすれば、きっとウサギのことが大すきになるでしょう。

やくそく

- ウサギをかう前に、しいくにつかうケージやえさなど、ウサギについて、よくしらべておきましょう。

- ウサギのことをみてくれるどうぶつびょういんがどこにあるか、かう前にさがしておきましょう。

- 毎日、ウサギのようすをかんさつし、どうしたらウサギがすごしやすくなるかを考えながら、せわをしましょう。

- ウサギは5〜10年ほど生きます。どんなときもさいごまで、責任をもって大切にそだてましょう。

もくじ

- ウサギって、どんなどうぶつ？・・・・4
- たくさんのなかまがいるよ・・・・・・6
- ウサギをえらぼう・・・・・・・・・・8
- ウサギをかう前に・・・・・・・・・・10
- ウサギをかってみよう・・・・・・・・12
- えさは何をあげればいいの？・・・・14
- せわは毎日しよう・・・・・・・・・・16
- 体の毛をブラッシング・・・・・・・・18
- 病気のサインを見のがすな・・・・・20
- あついのがにがて・・・・・・・・・・22
- おなかがふくらんだ・・・・・・・・・24
- 赤ちゃんが生まれた・・・・・・・・・26
- すくすくそだつよ・・・・・・・・・・28
- もっと知りたい！ウサギ・・・・・・30

この本では、小型のペット用カイウサギをとり上げて、せつめいしています。

※ページ下のらん外には、しいくについてのくわしいせつめいがしるされています。おとなの人といっしょに読んでください。

ウサギって、どんなどうぶつ？

耳が立っているときは、気になる音があって、けいかいしているときです。

　ウサギといえば、長い耳。それにしても、どうしてあんなに長くて大きいのでしょうか。それは、まわりの音をよく聞けるようにするためです。しかも、ウサギの耳は、右と左でべつべつにうごかせて、どのほうこうからの音もキャッチできます。また、耳には、けっかんがたくさんはりめぐらされています。走った後や、あつい夏には、耳で血がひやされて、体温を下げるやくめもはたしているのです。

カイウサギは、野生のアナウサギをかいならし、かいりょうしてつくられました。前あしであなをほったり、小さなむれでなかまとくらしたりするのは、アナウサギからのなごりです。

目
よこむきについているので、前から後ろまで、体のまわりのほぼ全体を見ることができます。

耳
大きさは、ウサギのしゅるいによってちがいます。

お
小さくて目立ちませんが、そのときの気もちに合わせてうごきます。きけんをかんじると、ピンと立ちます。

はな
いつもピクピクうごいていて、においにとてもびんかんです。

ひげ
ひげには、まわりのようすをさぐるはたらきがあります。あなの中などでは、ひげにものがふれるかどうかで、自分の体が通れるか、かくにんします。

前あし

後ろあし
強いきん肉で、力強くはねたり、走ったりできます。あしのうらには、毛がたくさん生えていて、クッションのやくわりをしています。

口・歯
はなの下から、たてにわれた口をしています。前歯は、1年に10センチくらいのびますが、木のえだなど、かたいものをかじったり、上下の歯をすり合わせたりすることで歯がけずられ、のびすぎないようになっています。

ヨーロッパの草原にいるアナウサギ。地面をほって、トンネルのようなすを作り、かぞくでくらします。

たくさんのなかまがいるよ

カイウサギのしゅるいは、げんざいやく150といわれています。フワフワの長い毛のウサギや、耳がたれているウサギ、耳がみじかいウサギなど、たくさんのひんしゅがつくられています。

ネザーランドドワーフ
体重：0.8～1.3キロ
カイウサギの中でいちばん小さいウサギです。毛はみじかく、頭のてっぺんに、みじかい耳がピンと立っています。体の色は、茶色、オレンジ、グレー、黒、クリーム色など、さまざまです。いろいろなことにきょうみをもち、かっぱつなせいかくです。

ホーランドロップ
体重：およそ1.3キロ
耳がたれた、みじかい毛のウサギです。きん肉が多く、見た目がぽってりとしています。せいかくはおとなしく、だっこされるのがすきなウサギが多いようです。

ミニレッキス
体重：1.8～2キロ
みじかい毛がびっしりと生え、とても手ざわりのよいウサギです。きん肉が多く、とくに後ろあしは強い力をもっています。かっぱつなせいかくで、頭もよく、人間のこうどうをよく見て、上手にあまえてきます。

ジャージーウーリー
体重：1.3～1.5キロ

フワフワとした長い毛をもつウサギですが、顔や耳の毛はみじかめです。せいかくはおだやかで、だっこをされるのをあまりいやがらない、かいやすいウサギです。

ライオンラビット
体重：1.5～2キロ

顔のまわりに、ライオンのたてがみのような長い毛をもつウサギです。あしや耳はみじかめです。おとなしいせいかくで、人になれやすいウサギです。

ドワーフホト
体重：1.1～1.4キロ

体の色はまっ白で、目のまわりに黒いふちどりがあります。いろいろなことにきょうみをもち、かっぱつなせいかくです。気が強いところもありますが、人によくなれます。

> 見た目だけでえらぶのは、よくないんだね。

自分に合うウサギはどれかな？

●体の大きさ
へやの中でかうときは、せわをしたりあそばせたりするばしょがひつようです。広いばしょがよういできないときは、小さめのウサギをえらびましょう。

●毛の長さ
毛の長いウサギは、毎日のブラッシングに時間がかかります。毎日のせわがどれくらいできるかということも考えて、ウサギをえらびましょう。

ウサギをえらぼう

　そだてやすさを考えるなら、けんこうなウサギをえらぶのがよいでしょう。えらぶためのポイントがいくつかあるので、自分の目で見たり、だっこしたりして、よくかくにんしましょう。

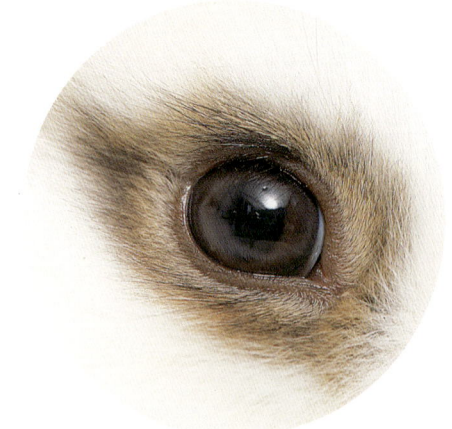

目
ぱっちりときれいな目で、目やにや、なみだが出ていないウサギをえらびましょう。

耳
中がただれていなくて、いやなにおいもしないウサギをえらびましょう。たれた耳のウサギは、とくに気をつけましょう。

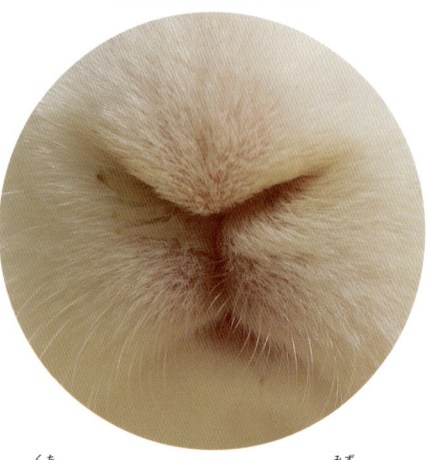

口・はな
口やはなのまわりが、はな水や、よだれでよごれていないウサギをえらびましょう。

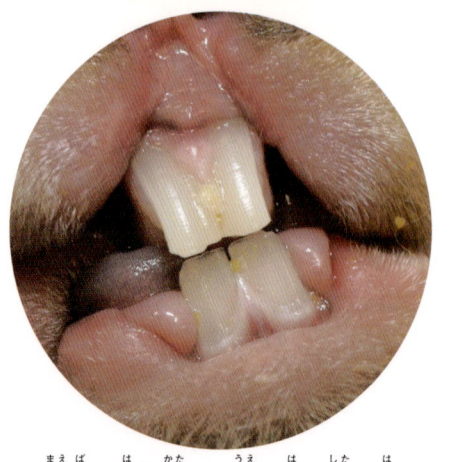

歯
前歯の生え方や、上の歯と下の歯のかみ合わせがよいウサギをえらびましょう。

おしり
おしりのまわりが、ふんやおしっこでよごれていないウサギをえらびましょう。

体・毛
毛なみがきれいで、つやがあり、はだにきずのないウサギをえらびましょう。だっこしたとき、おしりがずっしりして、やせていないのはけんこうです。

ウサギは夜行性なので、ペットショップなどへは、ウサギがよく動き回る夕方から夜の時間に見に行くと、本来のようすがわかります。

左は生まれて6週間ほどの子ウサギ。右は親ウサギ。

おなかがじょうぶだと、けんこうにそだつよ。

子ウサギは、生まれて6週間ほど、お母さんのおっぱいをのみます。おっぱいをしっかりとのんだ子ウサギは、生まれて8週間ほどすると、胃や腸のはたらきがよくなります。ウサギをえらぶときは、生まれて8週間いじょうのウサギにしましょう。

どこで手に入るの？

● **ペットショップ**
小どうぶつをあつかうペットショップや、ウサギせんもんのペットショップで売っています。お店がきれいで、お店の人がていねいにしつもんに答えてくれるところだと、あんしんです。

● **人からゆずってもらう**
知っている人がかっているウサギが子どもを生んだときに、ゆずってもらいます。近親交配（親子やきょうだいなどの間で子どもをつくること）をしていないか、かくにんしましょう。

● **ブリーダー**
ブリーダーは、ウサギのはんしょくをせんもんに行っている人のことです。生まれた子ウサギを、ペットショップにおろし売りしたり、個人に売ったりします。ホームページをもっているブリーダーも多いので、インターネットでしらべてみましょう。

ウサギをかう前に

　小型のウサギは、へやにケージをおいて、かうことができます。かう前に、まず、ひつようなものをそろえましょう。

なかよくなろうね。

ケージ

ケージは1ぴきに1つずつよういしましょう。とびらは、ケージのよこと上に、2つあるものがべんりです。金あみのつぎ目がとがっていると、ウサギがけがをしてしまうので、かくにんしましょう。ケージのそこに引き出せるトレイがついていると、そうじのときにべんりです。かうウサギが、おとなになったときの大きさを考えて、ケージをえらびましょう。小型のウサギがかえるのは、はばが60〜90センチ、おくゆきが50センチほど、高さが60センチほどのサイズです。

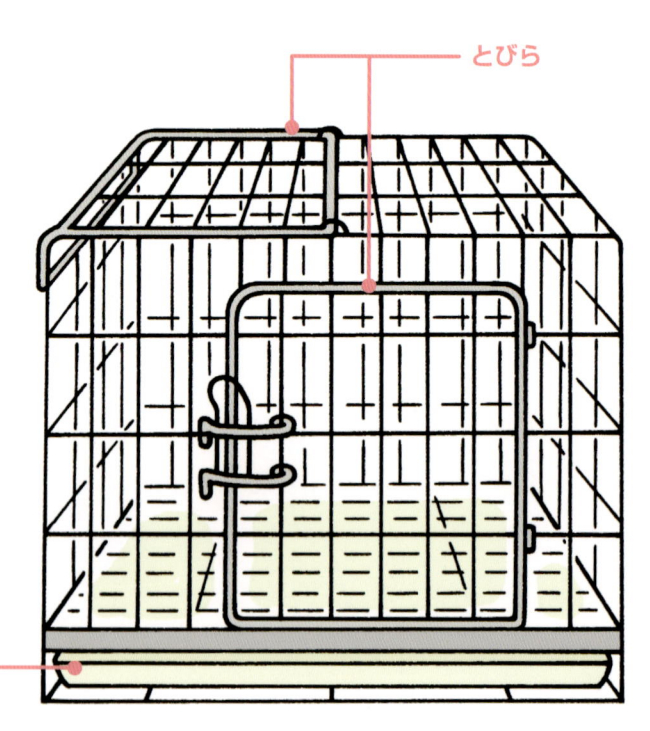

とびら

そこのトレイ

ちょうどよいケージの大きさ

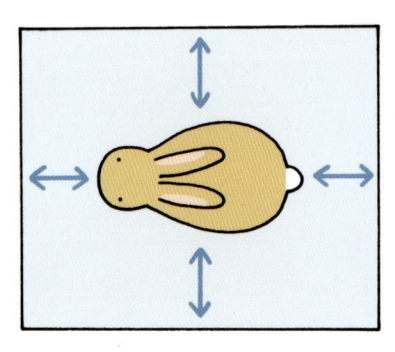

ケージを上から見たところ。どのほうこうにも体をのばせる広さがあるとよいでしょう。

ケージをよこから見たところ。立ち上がっても、高さによゆうがあるとよいでしょう。

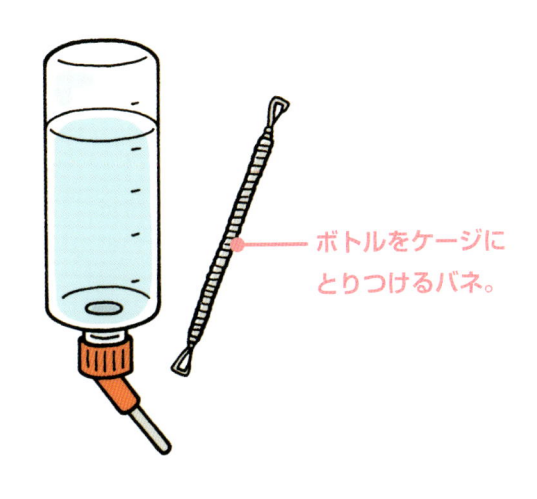

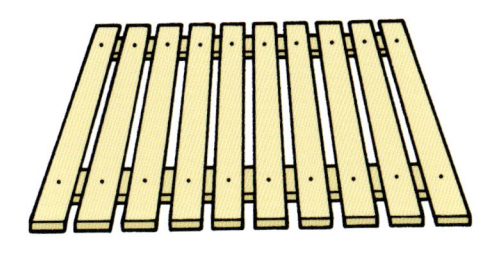

すのこ

ケージのそこが金あみだと、ウサギがあしをいためるので、すのこをしきましょう。すのこはよごれやすいので、かえをよういしておくとべんりです。

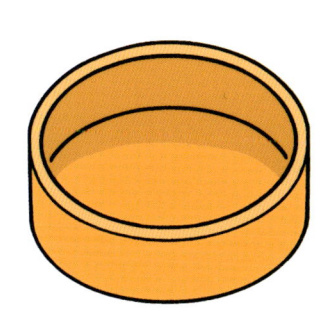

水のみ用ボトル

ケージの外がわからとりつけられるものをつかいましょう（→13ページ）。これをつかうと、ウサギの体がぬれるのをふせげます。

ボトルをケージにとりつけるバネ。

えさ入れ

ウサギが引っくりかえすことがあるので、おもいものにしましょう。

ほし草入れ

ケージの外がわからとりつけて、中にいるウサギがほし草をとり出せるようなものがべんりです。ほし草をケージの下にしけば、えさだけでなく、しきわらとしてつかうこともできます。

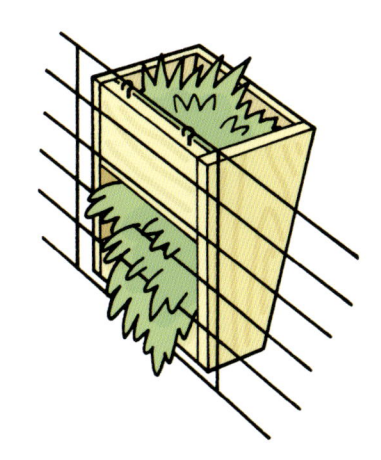

トイレ・トイレすな

トイレは、ウサギがすわったとき、すっぽり入るくらいの大きさにします。オスはおしっこを後ろにとばすことがあるので、後ろにかべがあるものがべんりです。トイレには、トイレすなを入れておきましょう。

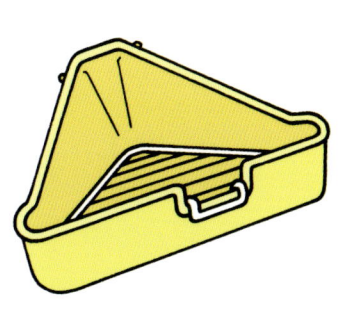

トイレすながおしっこをすうので、においが少なくなります。

オス同士は、一緒にするとけんかをします。メスは出産、子育てのために自分のスペースを求める習性があるので、1匹で飼う方が安心します。多頭飼いをする場合は、ケージを別にしてください。特にオス同士は、ケージを置く部屋も別にするなど、顔を合わせないようにしましょう。

ウサギをかってみよう

ウサギをかいはじめてから1週間くらいは、そっとしずかに見まもりましょう。新しいばしょに来たばかりで、ウサギもふあんになっているはずです。はじめの1、2日は、声をかけるだけでもびっくりするので、えさや水をあたえるだけにします。その後、ケージの中でなでたりして、少しずつなかよくなるようにしましょう。

ほし草入れ
ほし草がへってきたら、外からほし草を入れましょう。

すのこ
ウサギが金あみのすきまにあしを引っかけてしまうことがあるので、金あみの上にすのこをしきましょう。すのこのかわりに、ほし草をしいてもよいです。

いたいよ

ケージのおきばしょ
ちょくせつ日が当たらない、風通しのよいばしょにおきます。へやの温度は18～23度がめやすです。エアコンをつかう場合は、風がちょくせつ当たらないようにして、人の出入りがはげしいところは、ウサギがおちつかないのでさけましょう。

えさ入れ
トイレとはなれたところにおきます。

水のみ用ボトル
ウサギがのみやすい高さにとりつけましょう。

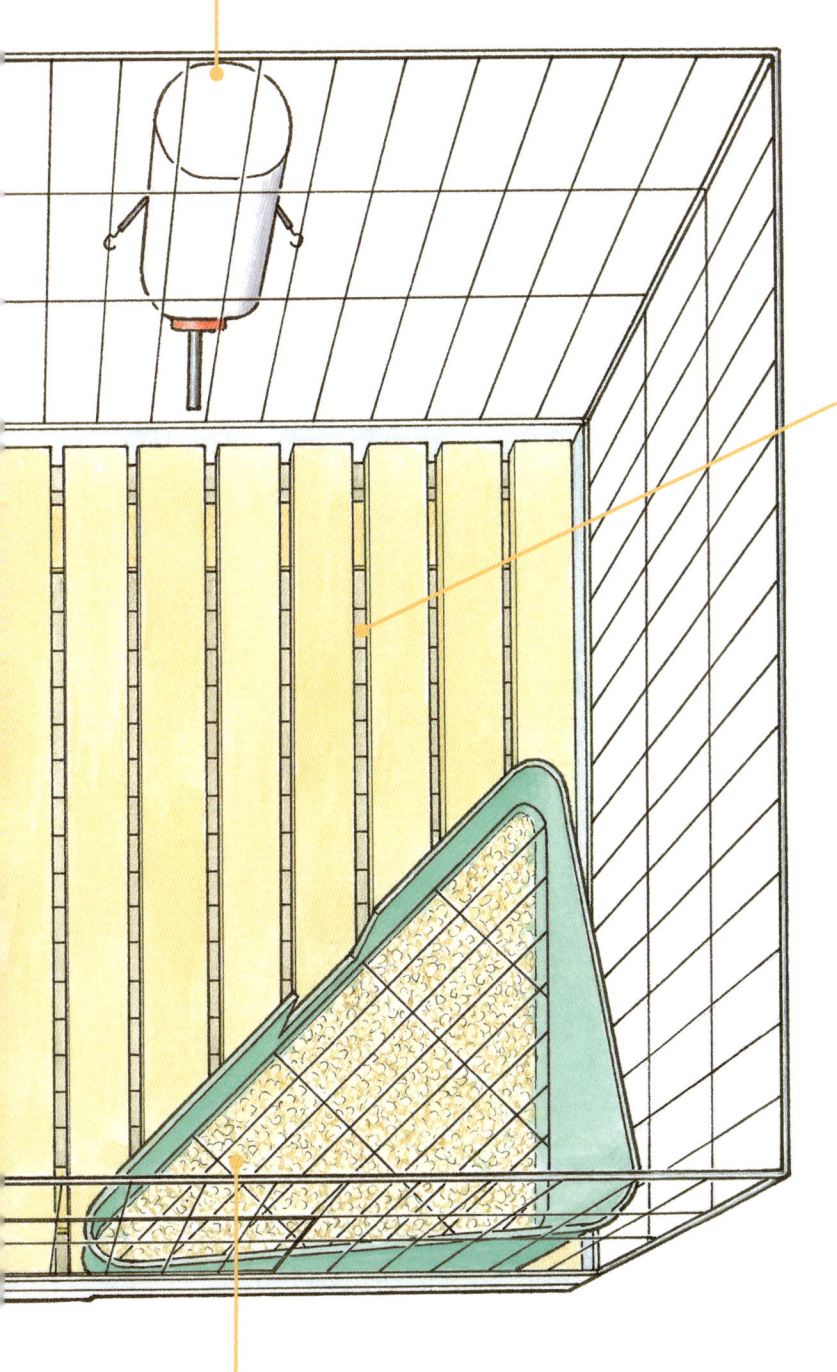

そこのトレイ
トレイに新聞紙をしくと、そうじがしやすくなります。

トイレ
ケージのすみにおきましょう。

トイレのしつけ
ウサギは、きまったばしょでトイレをするしゅうかんがあります。トイレすなをこうかんするとき、おしっこのついたトイレすなを少し、新しいトイレすなの上においておくと、においでそこがトイレだとわかります。もし、なんどもちがうばしょでするようなら、そのばしょにトイレをうつします。

えさは何をあげればいいの？

　ウサギのしょくじは、ほし草を中心にあたえます。毎日、しんせんなものを、食べたいだけ食べられるようにしておきましょう。ウサギ用フードは、朝と夜、きまった時間にあたえて、食べてしまってもおかわりはあたえないようにします。

ほし草は2しゅるい

ほし草は、マメ科のものと、イネ科のものがあります。マメ科のほし草は、イネ科のものよりえいようがあるので、これから成長する子ウサギにむいています。おとなになったら、イネ科のほし草をあたえましょう。

マメ科のほし草、アルファルファ。

イネ科のほし草、チモシー。

ほし草はおなかのちょうしをととのえ、病気をよぼうします。

おやつ

ほし草やウサギ用フードのほかに、しつけでほめるときなどには、やさいやくだものといったおやつも、少しだけあたえます。ただし、ほし草やフードの食べるりょうがへらないように気をつけましょう。

やさい・くだもの
ニンジン、キャベツ、コマツナ、ブロッコリー、リンゴなどをあたえましょう。

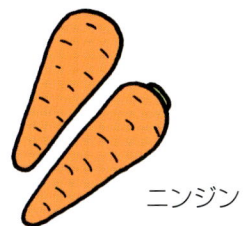

キャベツ
コマツナ
リンゴ
ニンジン

ドライフルーツ
ペットショップなどで売っている、小どうぶつ用のものをあたえます。

野草
タンポポ、シロツメクサ、ハコベなどを、水でよくあらってからあたえます。

タンポポ
シロツメクサ

⚠️ あたえてはいけないもの ⚠️

ちゅうどくをおこすやさい
タマネギやネギなどのネギるい、アボカド、ジャガイモのかわやめ。

ネギ
タマネギ
アボカド

どくになる草花
アサガオ、シクラメン、ワラビなど。

アサガオ

人間のおかし
おかしは、たいていさとうやあぶら分、えん分などが多いので、ウサギの体によくありません。チョコレートはちゅうどくをおこします。

せわは毎日しよう

　ウサギのけんこうをたもつために、ケージはいつもきれいにしておきましょう。ほし草がどれだけへったか、それから、けんこうなふんをしているかといったチェックを、毎日つづけましょう。

もち方・だき方

ウサギをもち上げるときは、かた方の手で首の後ろのかわをつかみ、べつの手でおしりをささえます。だくときは、自分のむねやひざの上で、やさしく、しっかりとだきます。耳をつかむのは、きけんなのでやめましょう。

ウサギをだくときは、すわってだくと、あんていします。

あそばせ方

ケージの中にずっといると、ウサギはうんどう不足になります。1日1回はケージの外に出し、へやの中であそばせます。電気コードやかぐのすきまなど、きけんなものがある場合は、へやを区切るか、お店などで売っているサークルをりようしましょう。

けんこうなふんは、丸くてかわいています。

トレイとしきわらのそうじ

下にしいたほし草や、ケージのそこのトレイにしいた新聞紙を、新しいものと入れかえます。

えさと水のこうかん

えさ入れと水のみ用ボトルは、水であらってふいてかわかし、中身をこうかんします。水のみ用ボトルは、中もブラシであらいましょう。

トイレそうじ

ふんやよごれたトイレすなをすて、新しいトイレすなにかえます。トイレによごれがついていたら、水であらいます。

おせわすることがたくさんあるよ。

大そうじのやり方

ケージのよごれは、2週間に1回くらいをめやすに、ぶんかいして水あらいします。ふろ場や水道のあるベランダなどで行いましょう。ブラシでこすってよごれをおとし、水であらいながします。日光に当ててかわかしてから、ケージを組み立てます。さぎょうがたいへんな場合は、おとなの人に手つだってもらいましょう。

ブラシであらう

せんざいをつかうときは、しっかり水であらいながします。

かんそう

日光に当てると、しょうどくにもなります。

ウサギの尿には、にごった白、うすい黄色、オレンジ色、赤色など、いろいろな色があります。もし赤い尿が何日も続く場合は、病気の可能性があるので、病院に連れて行きましょう。

体の毛をブラッシング

　ブラッシングをすると、毛なみがきれいになるだけでなく、せいけつさをたもてるので、病気のよぼうにもなります。毛が生えかわる春と秋は、とくにていねいに行いましょう。

みじかい毛のウサギ

毛の生えかわるじきは、毎日、ブラッシングをします。このじきは、ぬれタオルでふくだけで、ぬけ毛がとれます。ぬれタオルでふいた後、ラバーブラシで、のこっているぬけ毛をとりましょう。毛の生えかわるじきいがいは、1週間に1回くらい、じゅう毛ブラシをつかって、毛なみをととのえましょう。

ラバーブラシは、毛のながれにそって、せなかからおしりにむかってブラッシングした後、おしりからせなかにむけても行いましょう。

ブラッシングするときは、ウサギを台にのせると、やりやすいです。台がない場合は、ひざの上にのせて行いましょう。

ブラシのしゅるい

ラバーブラシ
ゴムでできたブラシで、毛が生えかわるじきのぬけ毛がよくとれます。みじかい毛のウサギに、よくつかいます。

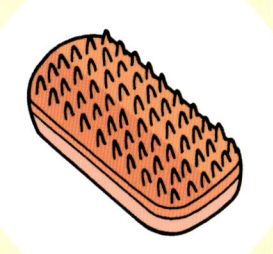

スリッカーブラシ
毛のからまりをほぐしたり、ぬけ毛をとったりするブラシです。みじかい毛のウサギ、長い毛のウサギのどちらにもつかえます。

じゅう毛ブラシ
どうぶつの毛でできたブラシで、マッサージのこうかもあります。みじかい毛のウサギ、長い毛のウサギのどちらにもつかえます。

長い毛のウサギ

長い毛のウサギは、はじめに手でざっとすいて、ほぐします。つぎに、スリッカーブラシで、ういたぬけ毛をとっていきます。おしりのところは、毛のながれとぎゃくむきにスリッカーブラシをかけます。毛玉ができてしまったら、むりに毛玉にブラシを入れないで、手でほぐします。どうしてもほぐせない場合は、毛玉をもち上げ、はさみで切りましょう。

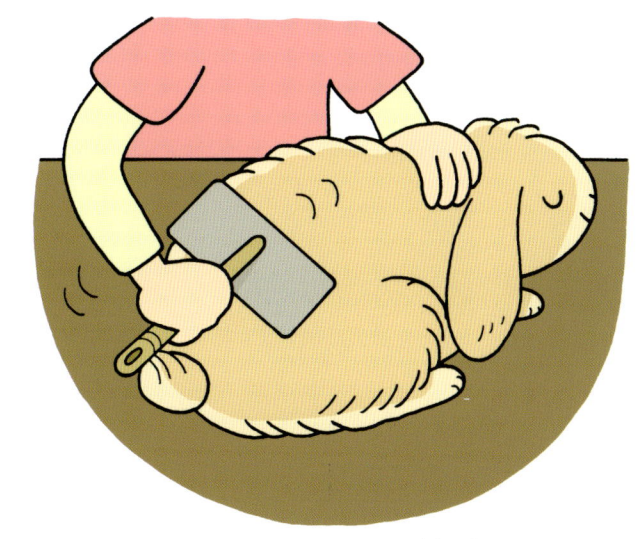

からんだ長い毛をとかすときは、強い力で引っぱらずに、毛先からブラッシングして、少しずつほぐしましょう。

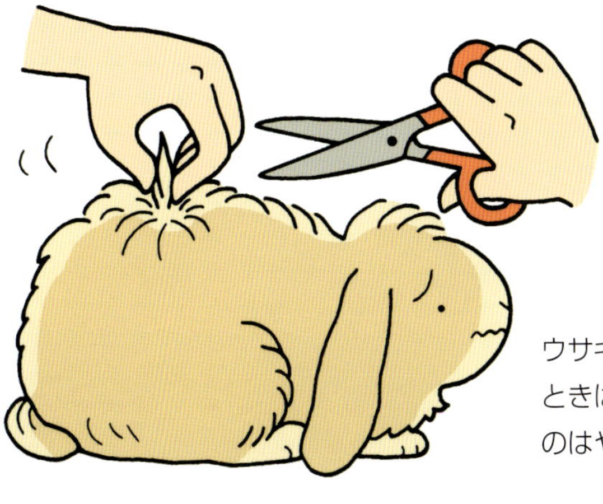

ウサギがあばれるようなときは、はさみをつかうのはやめましょう。

ウサギの換毛期は基本的に春と秋ですが、室内で飼われているウサギは、温度や日照時間が自然ではないため、換毛が年に3、4回と、不規則になることがあります。その場合は、こまめにブラッシングをして、抜け毛をとりのぞいてください。

病気のサインを見のがすな

毎日のせわや、ブラッシングのときに、体のじょうたいやしぐさなどをよくかんさつしましょう。いつもとちがうようすをしていたら、病気のサインかもしれません。

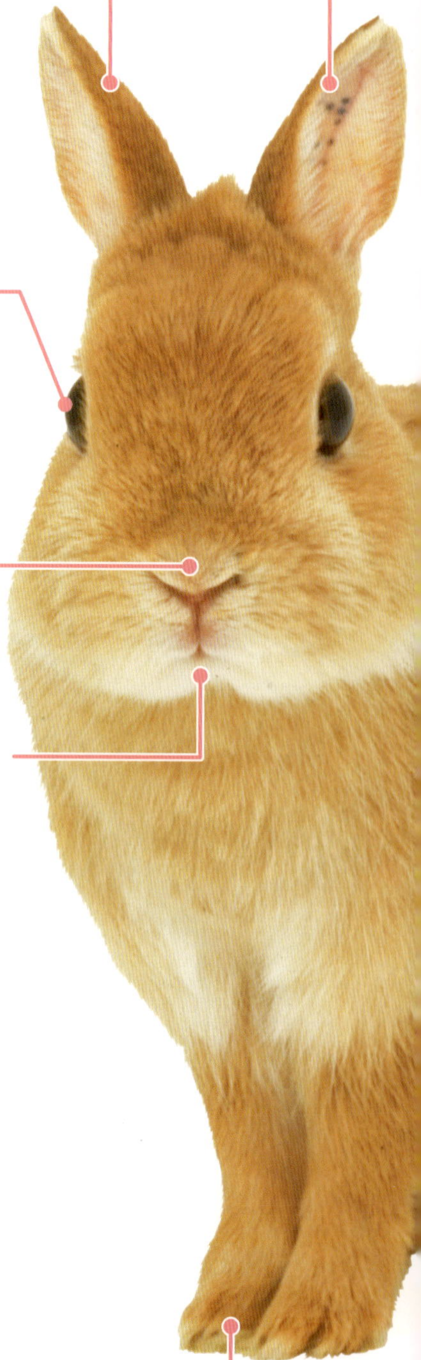

耳をあしでよくかく。
耳をはげしくふる。

目やにや、なみだが出る。

はな水や、くしゃみが出る。

上下の歯が、うまくかみ合わない。

あしを引きずる。
かた方のあしをうかせている。

つめの切り方

つめがのびすぎると、ケージやカーペットなどに引っかけてきけんなので、1〜2か月に1回、のびたつめを切ります。子ウサギのころから、だっこにならし、1日に1本ずつ切ることからはじめましょう。

のびたつめがケージやカーペットに引っかかると、ウサギがびっくりしてあばれ、つめがとれたり、骨折などのけがをしたりすることがあります。

つめ切りは、ウサギ用のものをつかうとやりやすいです。

どこから切ったらいいの？

つめにはけっかんが通っているので、けっかんより先を切りおとします。黒いつめの場合は、かいちゅうでんとうを後ろから当てると、けっかんがすけて見えます。けっかんをかくにんしながら切りましょう。

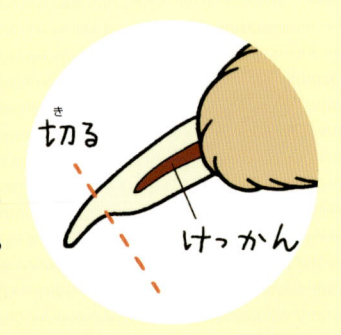

切る
けっかん

えさを食べない場合は

ウサギは毎日、えさを食べないと、体にひつようなエネルギーをとることができません。1日ずっと食べなかったら、なるべく早くびょういんにつれて行きましょう。

元気なウサギは、耳がよくうごきます。休んでいるときいがいに、耳をせなかにつけて、じっとしているのは、たいちょうがよくないサインです。

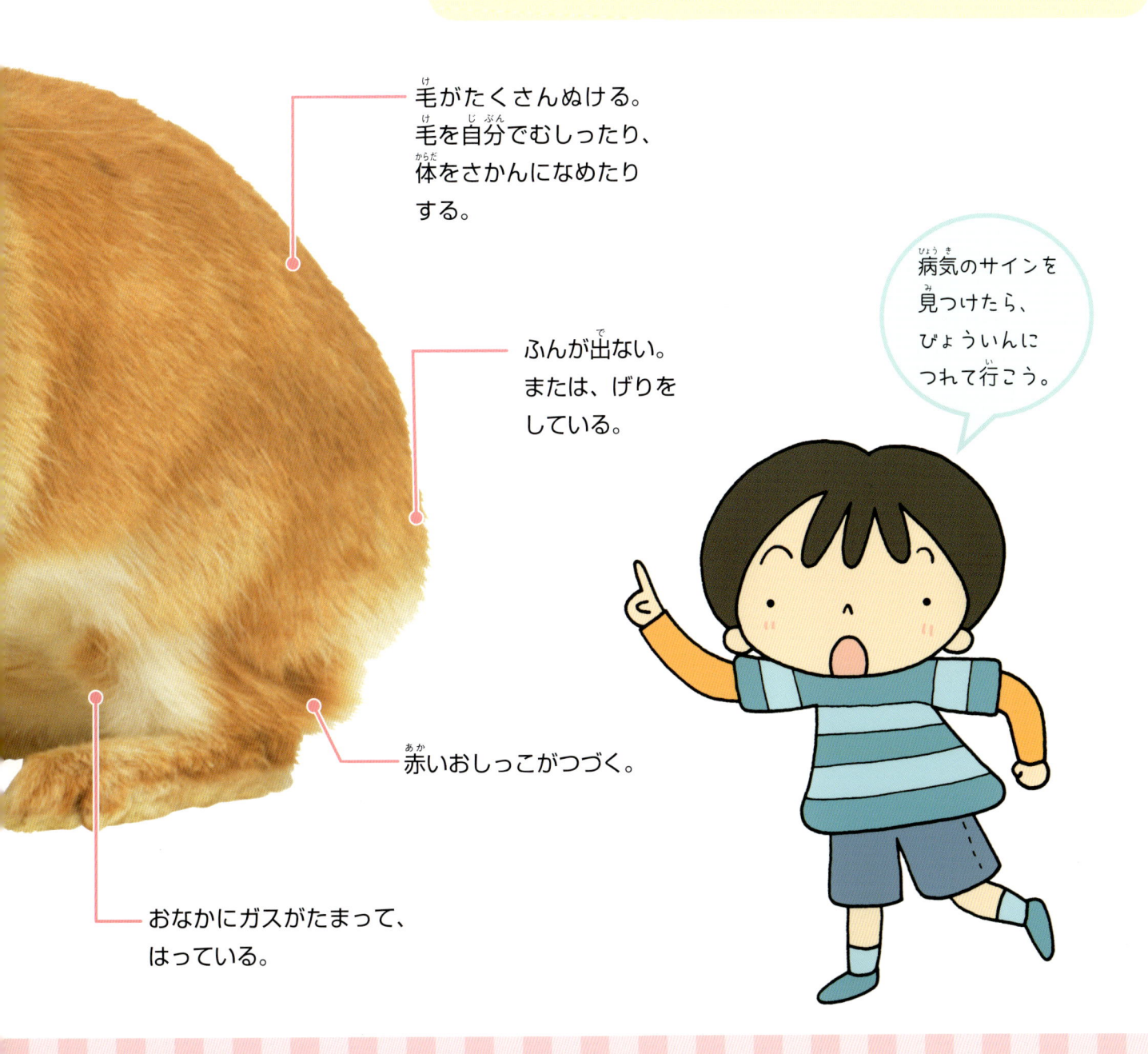

こんなのが病気のサイン

- 毛がたくさんぬける。毛を自分でむしったり、体をさかんになめたりする。
- ふんが出ない。または、げりをしている。
- 赤いおしっこがつづく。
- おなかにガスがたまって、はっている。

病気のサインを見つけたら、びょういんにつれて行こう。

あついのがにがて

　ウサギは、温度のへんかにびんかんで、夏はもっともにがてなきせつです。へやの温度は、20～25度にして、高くても28度をこえないようにしましょう。

あついとき、ウサギは体をひやすために、あしをのばし、おなかを地面などにつけてねそべります。

地面がつめたくて、気もちよさそうだね。

あつさたいさく

ケージは、日光がちょくせつ当たらないばしょにおきます。まどをあけて風を通したり、エアコンをつかってへやの温度をちょうせつしたりしましょう。また、ウサギは、夏の高いしつ度もにがてなので、気をつけましょう。

まどやドアをあける

まどやドアをあけて、風が通るようにします。

エアコンのつめたい風が、ちょくせつ当たらないようにします。

エアコンをつかう

ねっちゅうしょうにちゅうい

ずっとむしあついへやでかわれていると、ねっちゅうしょうになることがあります。もし、あつい日に、あらいこきゅうをして、ぐったりしていたら、すぐにすずしいばしょにいどうして、つめたいぬれタオルで体をおおってひやしましょう。

おうきゅうしょちをしたら、できるだけ早くびょういんへつれて行きましょう。

さむさたいさく

ウサギは体に毛が生えていて、冬はあたたかそうに見えますが、とくべつさむさに強いわけではありません。さむい日は、へやの温度が18度よりひくくならないように、だんぼうを入れましょう。
また、夜はきゅうにへやの温度が下がります。ケージにもうふをかけるか、ダンボールなどでおおいましょう。

もうふをかける

もうふで、夜のひえこみをふせぐことができます。

ケージにほし草をたくさんしくと、あたたかさがたもてます。

しきわらをたくさん入れる

おなかがふくらんだ

　ウサギのメスは生まれて4か月くらいで、オスは5か月くらいでおとなと同じ大きさになり、子どもをつくります。

　こうびの後、3週間くらいすると、メスは体重がふえて、おなかがふくらんできます。にんしんきかんは、やく1か月です。こうびがおわったら、オスとメスはべつのケージでかいましょう。

すづくりをはじめる

出産が近づくと、メスはすづくりをします。せまいばしょにほし草をしき、自分のむねやおなかの毛をぬいてしきつめ、出産にそなえます。

ぬいた毛をくわえているメス。毛をぬくと、乳首が出るので、赤ちゃんがおっぱいをのみやすくなります。

すばこをじゅんびする

おなかがふくらんできたら、ケージの中にすばこを入れます。すばこは、ウサギがよこになっておっぱいをあげられるくらいの大きさのものをよういします。中にほし草をたくさんしいておきましょう。

金ぞくでできたすばこ。ケージの中にも、ほし草をたくさん入れておくと、メスはいつでも、すばこにほし草をはこぶことができます。

にんしん中のせわ

体重がふえると、えさをたくさん食べるようになります。えさはいつもの2ばいほどにし、水も十分あたえましょう。そうじはいつも通り行いますが、出産が間近になって、ウサギがいやがるようなら、むりにやらないでおきましょう。

にんしん中のウサギは、まわりのようすにびんかんになります。せわやそうじは、できるだけ手早くすませ、しずかにして、ウサギがのんびりすごせるようにしましょう。

食べるりょうは、にんしんしてすぐは、ふだんとかわりませんが、こうびをして3週間くらいたつと、だんだんよく食べるようになります。

オスとメスの見分け方

おしっこをするところの形のちがいで見分けます。おの下のあたりをおし広げたとき、おしっこをするところの先が丸く出ているのがオス、あなになっているのがメスです。

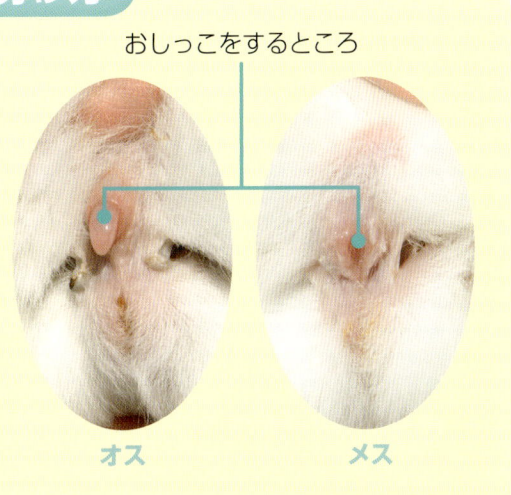

おしっこをするところ

オス　　メス

赤ちゃんが生まれた

　メスはすづくりをした後、早くて数時間、おそくて2、3日のうちに赤ちゃんを生みます。ウサギがすばこから出て来なくなったら、のぞいたりしないで、しずかに見まもりましょう。赤ちゃんは1回の出産で、2〜12ひき生まれます。

生まれたばかりのウサギの赤ちゃん。まだ毛が生えていません。

目と耳は、まだあいてないよ。

みんな、小さくてかわいいね。

ウサギの赤ちゃんが生まれたら、すぐにようすを見たくなるものですが、赤ちゃんを生んだお母さんウサギは、まわりにとてもびんかんになっています。すばこをのぞきこんだり、赤ちゃんをさわったりするのはやめましょう。出産してから1週間は、ケージのそうじはしないで、えさと水のこうかんをしずかに行います。えさは、いつもの3ばいあたえ、水もたっぷりあたえましょう。

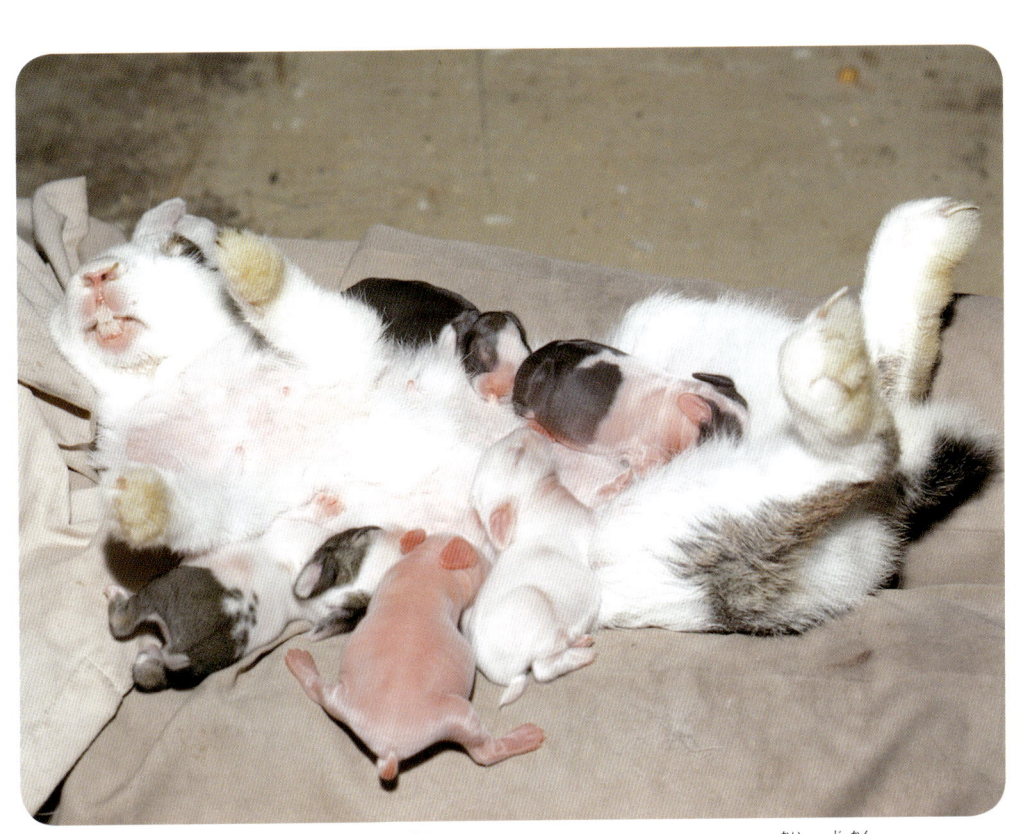

お母さんウサギは、1日に1、2回、赤ちゃんにおっぱいをあげます。1回の時間はみじかく、5分くらいです。それいがいの時間は、赤ちゃんとはなれて、すばこから出てすごします。

すくすくそだつよ

　子ウサギは、生まれてから2か月ほどの間、お母さんにそだてられます。生まれたときは毛もなく、目も見えませんが、3週間もするとウサギらしいすがたになり、すばこから出て、うごきまわるようになります。

生まれて4、5日で、毛が生えそろいます。

生まれて1日たった、赤ちゃんウサギ。

赤ちゃんは、みんなでよりそっているよ。

おっぱいをのんで大きくなる

赤ちゃんは、生まれて3週間くらいまで、お母さんのおっぱいだけで大きくなります。その後、えさも少しずつ食べるようになり、6週間くらいすると、かんぜんに乳ばなれします。

生まれて2週間ほどで目があいて、歩きはじめます。

元気にうごきまわるよ。

3週間くらいで、すばこから出てとびはねたりします。えさを口にしはじめるのも、このころです。

子ウサギのえさ

親と同じウサギ用フードを小さくくだいたり、やさいを小さく切ったりしたものを、えさ入れに入れて、すばこの近くにおきます。ほし草は、えいようの高いマメ科のものをあたえます。

6週間ほどたった子ウサギ。よりかっぱつにあそぶようになります。8週間たったら親とはなし、1ぴきずつ、べつのケージに入れてかいましょう。

もっと知りたい！ウサギ

ウサギについて、何か気になることや、ぎもんにかんじたことはありませんか？
さいごに、よく聞かれるしつもんをあつめてみました。

Q ウサギのじゅみょうは、どのくらいなの？

A ウサギは、1年ほどたつと、人間の年で20さいになり、りっぱなおとなになります。ウサギのじゅみょうは5～10年ですが、長生きするとそれいじょう生きることもあります。

ウサギの一生

ウサギは年れいによって、見た目やこうどうなどがかわります。かいてきにくらせるばしょや、年れいに合った、てきせつなりょうのしょくじをあたえて、けんこうに長生きさせましょう。

たん生
生まれてすぐは、お母さんウサギのもとですごします。

1さいまで
8か月～1年ほどで、おとなになります。

1～4さい
体力もあり、いちばんかっぱつなじき。

4～7さい
体力がおちて、太りやすくなります。

7さいいじょう
うごきがにぶくなり、毛なみもわるくなります。

※ウサギが死んだら、家の敷地内にスペースがあれば埋葬しましょう。自宅で埋葬できない場合は、ペット霊園で埋葬や火葬をしてもらうことができるので、ホームページなどで調べて、問い合わせてみてください。

Q えさ入れをくわえて引っくりかえしたり、ガタガタさせたりするよ。どうしたらやめるのかな？

A これは、たいくつなときのいたずらです。えさが足りないのかと思って、えさをあたえてしまうと、ウサギは、えさ入れを引っくりかえせば、えさがもらえると思い、このこうどうをくりかえすようになります。そのけっか、ひつよういじょうに多くのえさをあたえてしまうことになりかねません。もし、えさ入れをガタガタさせても、ほうっておきましょう。

いつもきちんとえさをあたえているなら、ねだられても、えさはあたえないようにしましょう。

Q ウサギが、おしりに口をつけて、ふんを食べちゃった！だいじょうぶなの？

A だいじょうぶです。ウサギは、やわらかいふんと、かたいふんをします。やわらかいふんには、まだえいようがたくさんのこっているので、もういちど食べます。その後、かたくて丸いふんをしますが、ふつうそれは食べません。

おしりに口をつけて、やわらかいふんを食べるウサギ。

Q うちにはイヌがいるけど、ウサギをかってもだいじょうぶかな？

A イヌやネコ、小鳥などとは、たいていいっしょにかえます。ただ、ストレスを強くかんじるウサギは、うまくいきません。さいしょに顔を合わせるとき、まずケージごしにお見合いをさせます。その後、ウサギをだっこしておちつかせながら、イヌやネコに近づけ、ウサギのはんのうをたしかめましょう。中には、イヌやネコのほうがこうふんして、おちつかないこともありますが、その場合は、いっしょのばしょでかうのはむずかしいと思ってください。

なかよくなれるかな？

監　修 ★ 今泉忠明
デザイン ★ 亀井優子／ニシ工芸株式会社
イラスト ★ 柴田亜樹子／高橋悦子／ネイチャー・イラストレーション
編　集 ★ ネイチャー・プロ編集室（伊東香／室橋織江／三谷英生）
写　真 ★ 立松光好
写真協力 ★ ネイチャー・プロダクション／node（PIXTA）

監修　今泉忠明

1944年東京都生まれ。東京水産大学（現・東京海洋大学）卒業。国立科学博物館で哺乳類の分類、生態を学ぶ。文部科学省の国際生物学事業計画調査、環境省のイリオモテヤマネコの生態調査などに参加。トウホクノウサギやニホンカワウソの生態調査、富士山の動物相の調査、トガリネズミなどの小型哺乳類の生態、行動などを研究。上野動物園の動物解説員、日本ネコ科動物研究所所長を経て、現在、日本動物科学研究所所長。主な著書に、『アニマルトラック＆バードトラック　ハンドブック』（自由国民社）『野生ネコの百科』（データハウス）『絶滅野生動物の事典』（東京堂出版）他多数。

いきものとなかよし　はじめての飼育
ウサギ

初版発行／2013年3月　第2刷発行／2018年2月

監　修／今泉忠明

発行所／株式会社金の星社
　〒111-0056　東京都台東区小島1-4-3
　電話　03（3861）1861（代表）　FAX　03（3861）1507
　ホームページ　http://www.kinnohoshi.co.jp
　振替　00100-0-64678

印　刷／株式会社廣済堂
製　本／東京美術紙工

NDC 480　32P　29.3cm　ISBN 978-4-323-04225-1

©Nature Editors, 2013
Published by KIN-NO-HOSHI SHA, Tokyo, Japan

乱丁・落丁本は、ご面倒ですが小社販売部宛にご送付ください。
送料小社負担にてお取り替えいたします。

JCOPY （社）出版者著作権管理機構 委託出版物
本書の無断複写は著作権法上での例外を除き禁じられています。
複写される場合は、そのつど事前に（社）出版者著作権管理機構
（電話 03-3513-6969、FAX 03-3513-6979、e-mail: info@jcopy.or.jp）の
許諾を得てください。

※本書を代行業者等の第三者に依頼してスキャンやデジタル化することは、
　たとえ個人や家庭内での利用でも著作権法違反です。

いきものとなかよし
はじめての飼育

全5巻
シリーズNDC480（動物学）　各巻32ページ　図書館用堅牢製本

学校や家庭でふれあうことの多い身近な生き物について、飼育の準備や方法、成長のようすを楽しく紹介するシリーズ。はじめての飼育でも楽しく世話ができるように、たくさんの写真やイラストでわかりやすく解説します。また、生き物の特徴や種類の紹介、さらに知識を深める質問コーナーも加えて、それぞれの生き物について幅広く知ることができます。

ダンゴムシ
ダンゴムシみいつけた／きけんがさったら……／どんな体をしているの？／ダンゴムシのなかまたち／ダンゴムシは近くにいるよ／ダンゴムシをかう前に／ダンゴムシをかってみよう／くらいところがすき／細いところも歩ける／おち葉をもりもり食べるよ／からをぬいで大きくなるよ／色やもようをくらべよう／赤ちゃんが出てきた／赤ちゃんも丸くなるよ／もっと知りたい！ ダンゴムシ

ザリガニ
大きなはさみのザリガニ／アメリカザリガニとニホンザリガニ／ザリガニみいつけた／ザリガニをつかまえよう／ザリガニをかう前に／ザリガニをかってみよう／ザリガニは何を食べるの？／どうやって食べるのかな／からをぬいだよ／だっぴのひみつ／はさみがとれたよ／メスがたまごを生んだよ／赤ちゃんが生まれた／見まもられてくらす／もっと知りたい！ ザリガニ

アゲハ
アゲハがとんで来た／アゲハみいつけた／アゲハのなかまたち／葉っぱにたまごを生むよ／よう虫が生まれたよ／よう虫をつかまえよう／よう虫をかう前に／よう虫をかってみよう／もりもり食べるよ／さなぎになるじゅんび／さなぎになったよ／冬ごしをさせよう／さいごの大へんしん／もっと知りたい！ アゲハ

カタツムリ
カタツムリは雨がすき／カタツムリの体って、ふしぎだよ／いろいろなカタツムリ／カタツムリはまき貝／カタツムリみいつけた／カタツムリをかう前に／カタツムリをかってみよう／おなかで歩くよ／こんなところも歩けるよ／どうやってえさを食べるの？／せなかにあながあるよ／夏のカタツムリ 冬のカタツムリ／たまごを生んだよ／赤ちゃんが生まれた／もっと知りたい！ カタツムリ

ウサギ
ウサギって、どんなどうぶつ？／たくさんのなかまがいるよ／ウサギをえらぼう／ウサギをかう前に／ウサギをかってみよう／えさは何をあげればいいの？／せわは毎日しよう／体の毛をブラッシング／病気のサインを見のがすな／あついのがにがて／おなかがふくらんだ／赤ちゃんが生まれた／すくすくそだつよ／もっと知りたい！ ウサギ

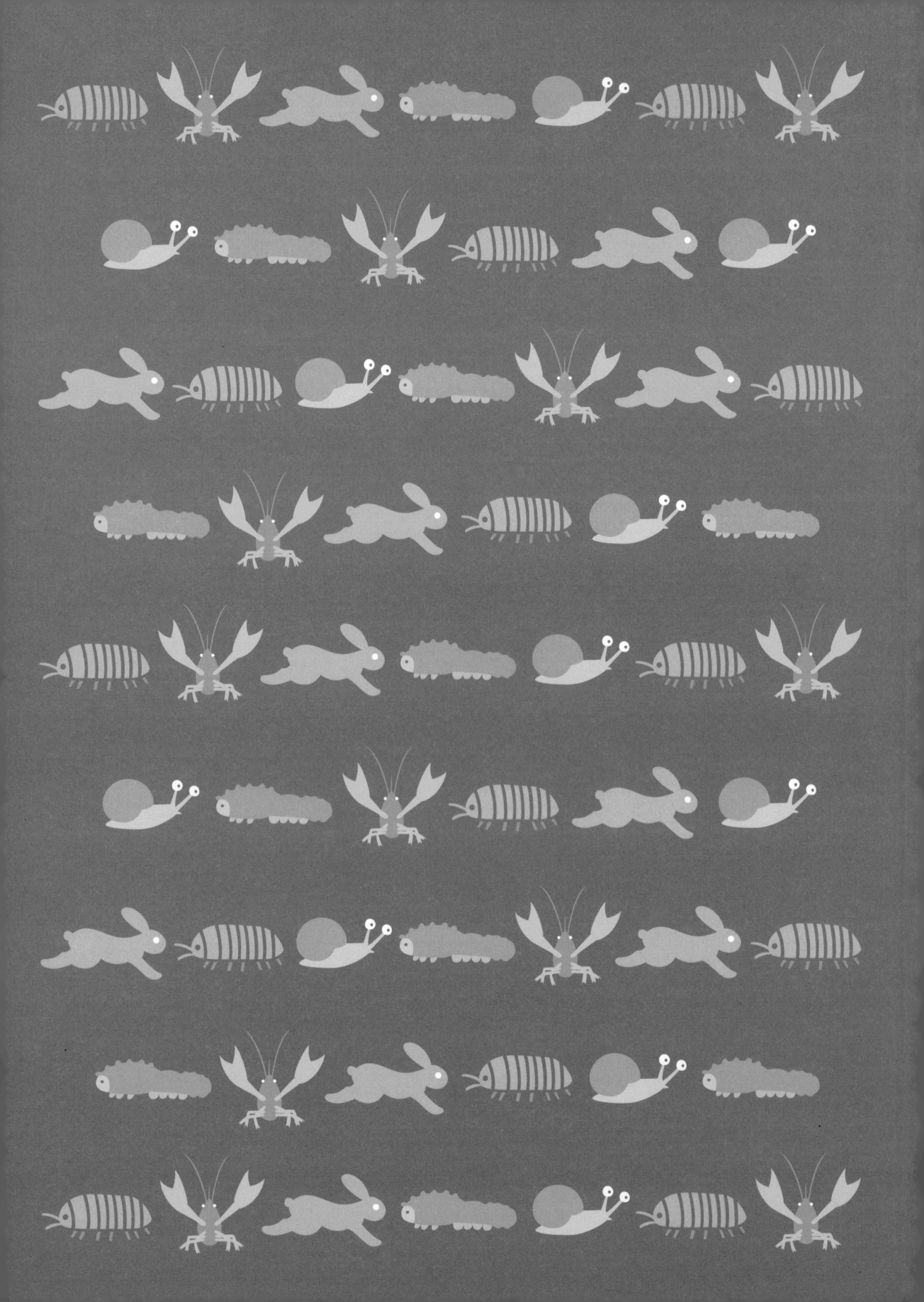